思考力算数練習帳シリーズ

シリーズ２４
場合の数２　書き上げて解く―組み合わせ―

（本書「シリーズ２４　場合の数２　書き上げて解く―組み合わせ―」は、「シリーズ２３　場合の数１　書き上げて解く―順列―」の続編です。「シリーズ２３」で説明した事を重複して説明していない場合がありますので、まずは「シリーズ２３」から始めて頂く事をお勧めします。）

本書の目的

　全ての「場合」を、抜けず、重複せず書き出すというのは、高い注意力と作業性を必要とします。本書は、算数のみならず全ての学習に必要なこの注意力と作業性を高める事を第一の目的としてしています。従って、場合の数を式で求める方法は、本書では触れていません。本書の練習を続けていくうちに、「こうすれば計算で解ける！」という方法を子供自身が見つける事ができれば、それが一番の理解です。

本書の特長

　１、やさしい問題から難しい問題へと、細かいステップを踏んでありますので、できるだけ一人で読んで理解できるように作られています。

　２、全ての「場合」を、抜けず、重複せず書き出すというのは、高い注意力と作業性を必要とします。本書を解く事によって、自然に高い注意力と作業性が身に付きます。

　３、ルール通り順に書き出すという作業によって、ルールのみに従って解く事を学ぶ、つまり論理力を高める効果があります。

算数思考力練習帳シリーズについて

　ある問題について、同じ種類・同じレベルの類題をくりかえし練習することによって、確かな定着が得られます。
　本シリーズでは、中学入試につながる論理的思考や作業性について、同種類・同レベルの問題をくりかえし練習することができるように作成しました。

もくじ

当番を決める ──────────────── 3

　　問題1〜 ──────────────── 12

当番を決める（男女別）──────────── 13

　　問題3〜 ──────────────── 17

同じ組の人は当番になれない ────────── 20

　　問題6〜 ──────────────── 26

テスト ─────────────────── 29

解答 ──────────────────── 36

当番を決める

★下図のようにAくんからEくんの5人の子供がいます。

この中から、2人の当番を決めます。どのような当番の決め方ができるでしょうか。たとえば

のように［A］［B］という決め方もできますし、

のように［C］［E］というような決め方もできます。全部でどれだけの種類の決め方があるでしょうか。自分で考えて、全て書き出してみましょう。

先にかいた、［A］［B］、［C］［E］もふくめて、全部書き出してみましょう。

当番の2人組を決めるのですね。さて

同じ2人組でしょうか、ちがう2人組でしょうか。よく考えましょう。

解答

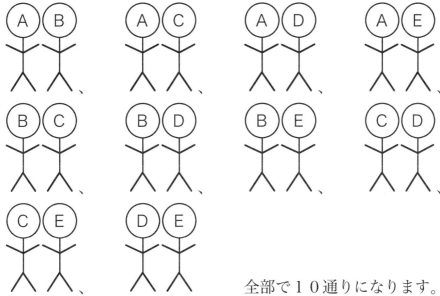

全部で１０通りになります。

「思考力算数練習帳シリーズ２３　場合の数１　順列」でやった場合、[A] [B]と[B] [A]とは、ちがうものとして数えました。それは「順列」の場合、**「ならぶ順番は何通りありますか」**という問題なので、[A] [B]と[B] [A]とは、ちがうならびになり、[A] [B]も[B] [A]もそれぞれかんじょうしなければなりません。

しかし今回の問題の場合、**「どのような当番の決め方」**かを聞かれています。当番の２人組ですから、[A] [B]でも[B] [A]でも、同じ２人の当番の組になり、両者は同じものです。

ですから今回の問題のように「組」の場合を聞かれた場合、ならぶ順番は関係なく、[A] [B]でも[B] [A]でも、同じ１通りと考えなければなりません。

当番の決め方のように、「組」の場合を調べる問題の時、これを**「組み合わせ」**と言います。「シリーズ２３」で学習したのは、どのような順番にならぶかという「順番」の場合を調べる問題でした。これを**「順列」**といいます。「順列」は前後や左右にならぶ順番も大切ですが、今回の「組み合わせ」は、ならぶ順番は関係ありません。

自分の書いた答と正しい答をくらべてみましょう。抜（ぬ）けているものはありませんか。また、同じものを２回書いていませんか。

全種類（しゅるい）を書き出すとき、**「抜けがないか」「同じものを２回書いていないか」**が非常（ひじょう）に重要（じゅうよう）になります。

◇「抜けない」「２回書かない」ための工夫を考えてみましょう。

「抜けない」「２回書かない」ためには、**規則（きそく）正しく整理（せいり）して書く**ことが重要になります。

規則正しく整理して書いてみましょう。

全種類を書き出す時の規則：１、右から左へ
**　　　　　　　　　　　　２、ＡＢＣ…の順に**

最初

のように、**ＡＢＣ…の順に**かきます。

次に、一番右の人を他の人に代えます。人を代えるのは**右から順に**というルールで代えてゆきます。この場合、一番右は［Ｂ］です。［Ｂ］を他の人と代えます。当番でない人は［Ｃ］［Ｄ］［Ｅ］の３人がいますが、**ＡＢＣ…の順に**割り当てるとすると、［Ｃ］を当番にすることになります。［Ｃ］を［Ｂ］に代えるということです。すると、

という組ができます。
同じように残りの［Ｄ］［Ｅ］も順に割り当てます。

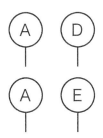

右に入る人が全員入れ代わったので、次は左の人［A］を別の人に代えます。**ＡＢＣ…の順**に代えますので、［A］の次は［B］が入ります。

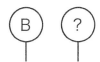

右の［？］にはだれを入れると良いでしょうか。**ＡＢＣ…の順**ですので［A］が入る、というのは**まちがい**です。

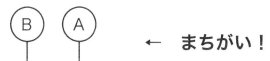

「シリーズ２３」で学習したときは、このような方法で順に書き出しました。しかし「シリーズ２３」は「順列」といって、ならぶ順番が大切でした。
　今回は「組み合わせ」といって、当番の組を調べる問題ですから、［A］［B］の組でも［B］［A］の組でも、同じ当番の組になります。これらは別のものとして考えてはいけないのです。
　［A］が当番になる場合は先にすべて考えてしまいましたので、［A］はもう使ってはいけません。したがって、［A］をつかわないで**ＡＢＣ…の順**ということになると、上の［？］にはいるのは、残り［C］［D］［E］のうちの［C］になります。

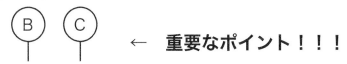

後は同じように、右の［C］を**ＡＢＣ…の順に**入れかえてゆきます。

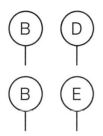

　［E］まで全て入りましたので、また左の［B］の部分を入れかえることになります。［B］の代わりに、だれを入れれば良いかわかりますか？
　［A］も［B］も、もう全ての組み合わせを考えてしまいましたから、使ってはいけませんね。次に左に入る人は［C］です。

　もう続きはわかるでしょう。

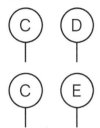

　そして［C］も全ての場合を考えてしまいましたから、次に左に来るのは［D］です。

　これで全ての場合が書けました。

　これを樹形図（じゅけいず）で書いてみましょう。
　まず左が［A］の場合です。

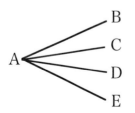

このようになります。特に問題なくできますね。

次に左が［B］の場合です。ここで大切なのは、既に［A］が当番になる場合は前ページで全て書き出しましたので、これ以降は［A］を当番にあてはめてはいけません。すると次のようになります。

［A］を使わないのがポイントです。

同じように左が［C］の場合です。［A］［B］を使わないのがポイントです。

同様に左が［D］の場合です。［A］［B］［C］を使いません。

D ——— E

最後に左が［E］の場合ですが、すでに［A］［B］［C］［D］を使っているので、左が［E］の場合はありません。

E ——— ×

全て整理すると、

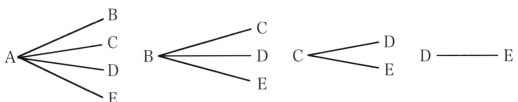

となります。

★下図のように1～5の数字が書かれた5枚のカードがあります。

この5枚のカードの中から2枚を選ぶ選び方を、樹形図で書き出しましょう。

下に、途中（とちゅう）まで書いてみました。続きを書きましょう。
ただし、抜けが生じたり、同じものを2回書いたりしないように、**規則正しく整理して書きましょう。**

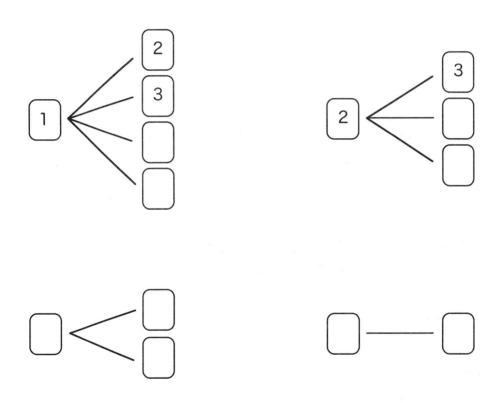

うまく書けましたか。
（解答は次のページ）

１０ページの解答

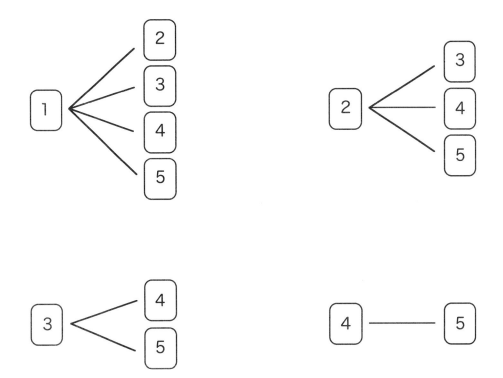

　規則正しく整理して書くことが重要なので、上記の答と**全く同じ**になるように書いてあれば正解とします。一つでも順番がちがっていれば、まちがいです。

　「…選ぶ選び方を**全て書き出しなさい**」という問題の場合、上記「樹形図（ツリー）」ではなく

　　　１－２、１－３、１－４、１－５、
　　　２－３、２－４、２－５、
　　　３－４、３－５、
　　　４－５

のように、全て書いて答えなくてはなりません。

問題1、［1］［2］［3］［4］の4枚のカードから2枚を選ぶ選び方を、**樹形図**で、規則正しく順に書きだしましょう。

問題2、［A］［B］［C］［D］［E］［F］の6枚のカードから2枚を選ぶ選び方を、**全て書き出し**ましょう。

当番を決める（男女別）

★青木君・赤井君・白田君の男子３人と、上村さん・中川さん・下山さんの女子３人がいます。

　この中から、男子１人、女子１人の計２人の当番を選ぶとすると、選び方は何通りありますか。

　樹形図で書いてみましょう。

　まず男子１人を決めるとしましょう。青木君から順にあてはめます。

女子は上村さん、中川さん、下山さんの３人いますから、

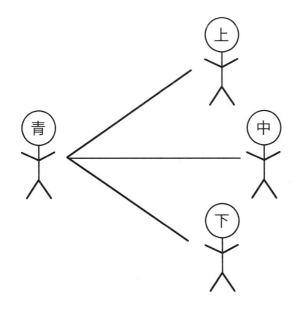

となります。
　次に男子を赤井君に代えると

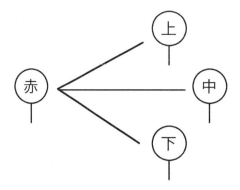

となります。同じく男子が白田君の場合は、

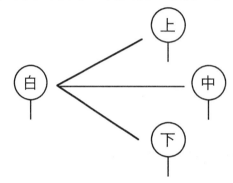

となります。これで全部書けました。

全部書き出して答えるとすると

青木－上村、　青木－中川、　青木－下山、
赤井－上村、　赤井－中川、　赤井－下山、
白田－上村、　白田－中川、　白田－下山

となります。

　当番の選び方は、全部で9通りあることがわかりました。

★同じ問題で、男子2人、女子1人の計3人を選ぶ選び方は、全部で何通りあるでしょう。

男子―男子―女子の順に、樹形図で規則正しく書き出してみましょう。
（※男子―女子―男子、女子―男子―男子の順を調べてもかまいません。これは当番の生徒を選ぶ組み合わせで、並ぶ順番は関係ないので、男―男―女、男―女―男、女―男―男のいずれか一つを調べればよろしい。）

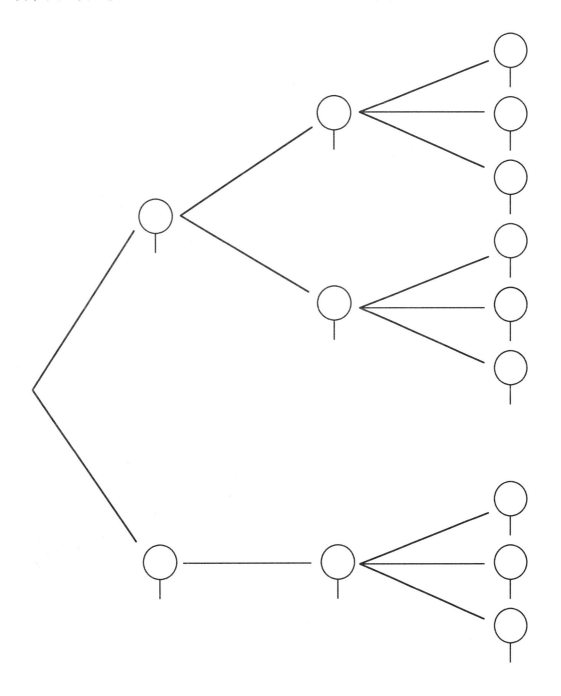

（解答は次のページ）

（前ページの解答）

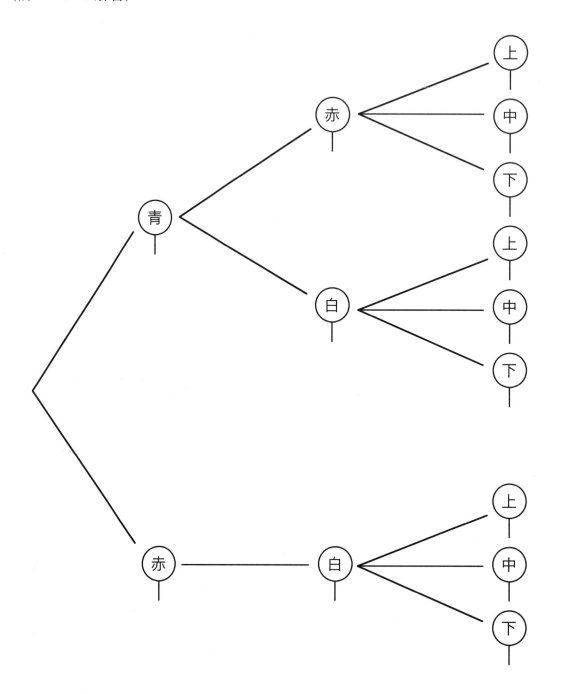

全部で9通りになりましたね。

問題3、［あ］［い］［う］［え］のひらがな4枚、［A］［B］［C］のアルファベット3枚、合計7枚のカードから、何枚かを選びます。

①、ひらがな1枚、アルファベット1枚の計2枚を選ぶ選び方を**全て書き出して**答えなさい。

②、ひらがな2枚、アルファベット1枚の計3枚を選ぶ選び方を**樹形図で**［ひらがなーアルファベット］の順に、**規則正しく**書き出しなさい。

③、ひらがな2枚、アルファベット2枚の計4枚を選ぶ選び方を**全て書き出して**答えなさい。

問題4、［あ］［い］［う］［え］［お］のひらがな5枚、［A］［B］［C］［D］のアルファベット4枚、合計9枚のカードから、何枚かを選びます。

①、ひらがな2枚、アルファベット2枚の計4枚を選ぶ選び方を**樹形図で［ひらがな－アルファベット］の順に、規則正しく**答えなさい。

②、ひらがな4枚、アルファベット3枚の計7枚を選ぶ選び方を**全て書き出して**答えなさい。

問題5、［あ］［い］［う］［え］のひらがな4枚、［A］［B］［C］［D］のアルファベット4枚、［1］［2］［3］の数字3枚、合計11枚のカードから、何枚かを選びます。

①、ひらがな1枚、アルファベット1枚、数字1枚の計3枚を選ぶ選び方を**全て書き出して**答えなさい。

※②、ひらがな2枚、アルファベット2枚、数字2枚の計6枚を選ぶ選び方を**全て書き出して**答えなさい。

同じ組の人は当番になれない

★1組、2組、3組から生徒を2人選んで当番にします。選び方は何通りありますか。ただし、同じ組の人同士は、当番にはなれません。組のメンバーは次の通りです。
　1組：山田君・谷口さん・岡本さん
　2組：桜木さん・梅田君・桃井君
　3組：岩井さん・石野君・砂田さん

　樹形図で書いてみましょう。1組の人から順に書いてみましょう。もし一人目に［山田］を選んだ場合、同じ1組の［谷口］［岡本］は当番になれませんから、残りの2組、3組から選ぶ事になります。

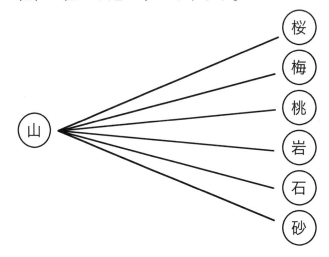

　一人目に［谷口］［岡本］を選んだ場合も同様の樹形図になります。

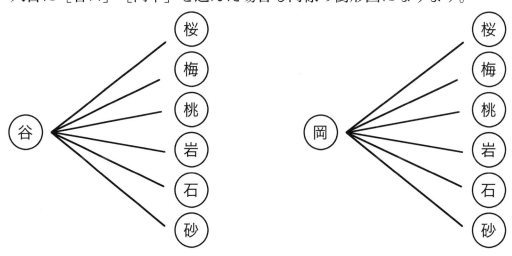

1組の生徒が当番になる場合は全て書きましたので、次は2組の生徒が左になる場合を考えます。まずは［桜木］をあてはめます。

　1組の生徒が当番になる場合は全て書きましたので、［？］には1組の生徒は入りません。また問題に「同じ組の人同士は、当番にはなれない」とあったので、［？］には2組の生徒（［梅田］［桃井］）も入りません。よって［？］には3組の生徒が入る事になります。

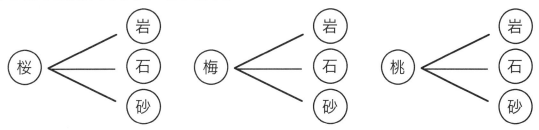

　2組の生徒が当番になる場合も全て書きましたので、次は3組の生徒が左になる場合を考えます。まずは［岩井］をあてはめます。

　さて［？］には、だれがあてはまるでしょうか。1組、2組の生徒は全てあてはめましたので、［？］には入りません。では3組の生徒をあてはめることになりますが、問題に「同じ組の人同士は、当番にはなれない」とあったので、［岩井］と同じ3組の生徒はあてはまらないことになります。

　したがって、この［？］にあてはまる生徒はだれもいない、つまりこれで全部の場合を書き出した事になります。

　もう一度、この問題の樹形図を整理して書いておきましょう。
　　　　　　　　　　　　　　　　　　　　　　　　　　（次のページ）

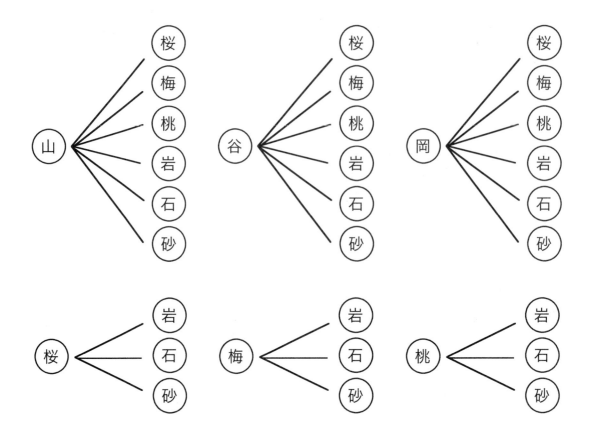

全部書き出すと

山田・桜木、　山田・梅田、　山田・桃井、
山田・岩井、　山田・石野、　山田・砂田、
谷口・桜木、　谷口・梅田、　谷口・桃井、
谷口・岩井、　谷口・石野、　谷口・砂田、
岡本・桜木、　岡本・梅田、　岡本・桃井、
岡本・岩井、　岡本・石野、　岡本・砂田
桜木・岩井、　桜木・石野、　桜木・砂田、
梅田・岩井、　梅田・石野、　梅田・砂田、
桃井・岩井、　桃井・石野、　桃井・砂田

となります。

全部で２７通りになります。

★［あ］［い］［う］［え］のひらがな４枚、［A］［B］［C］のアルファベット３枚、［１］［２］［３］の数字３枚、合計１０枚のカードから、２枚のカードを選ぶ選び方を全て書き出して答えなさい。ただし選ぶ２枚のカードが「ひらがな同士」「アルファベット同士」「数字同士」にならないようにします。

　樹形図で書きだしてみましょう。２枚のカードを選ぶ選び方を全て書き出して、選んだ２枚のカードが「ひらがな同士」「アルファベット同士」「数字同士」になるものの横には「×」をつけましょう。

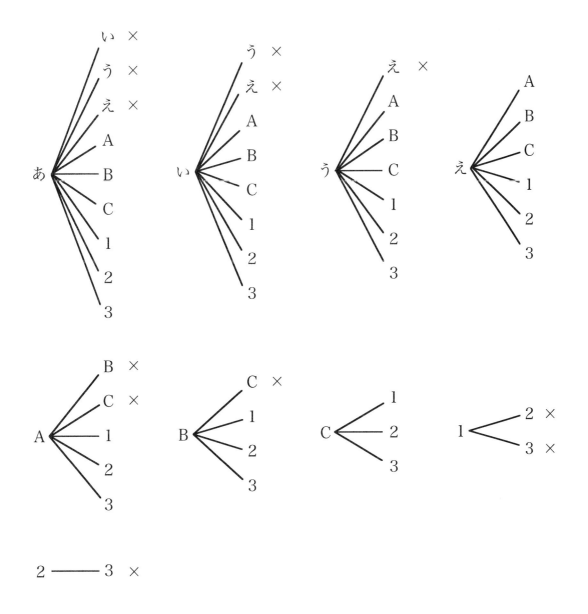

（なれてくれば、「×」の部分は書かなくてもよろしい。）

全部書き出すと、

あ－A、あ－B、あ－C、あ－1、あ－2、あ－3、
い－A、い－B、い－C、い－1、い－2、い－3、
う－A、う－B、う－C、う－1、う－2、う－3、
え－A、え－B、え－C、え－1、え－2、え－3、
A－1、A－2、A－3、
B－1、B－2、B－3、
C－1、C－2、C－3　（「－」は書かなくてもよろしい）

となります（計33通り）。

★［1］［2］［3］［4］［5］の5枚のカードから2枚のカードを選ぶ時、その和（合計）が偶数になるように選びなさい。

「2枚のカードを選ぶ選び方」を樹形図で書き出し、和が偶数になるものの横に「○」をつけましょう。

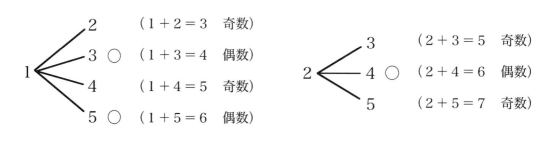

全部書き出して答えると、

　　　1－3、1－5、2－4、3－5

　　　　　　　　　　　　　　　　　　　　　　となります（4通り）。

★ ［1］［2］［3］［4］［5］［6］の6枚のカードから2枚のカードを選ぶ時、その和（合計）が3の倍数（3で割り切れる数）になるように選びなさい。

「2枚のカードを選ぶ選び方」を樹形図で書き出し、和が3の倍数になるものの横に「○」をつけましょう。

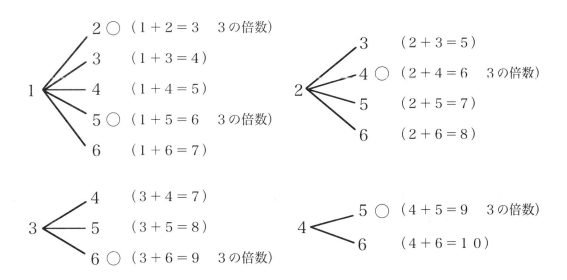

全部書き出して答えると、

　　　1－2、1－5、2－4、3－6、4－5

　　　　　　　　　　　　　　　　　　　　　　となります（5通り）。

問題6、［あ］［い］［う］のひらがな3枚、［エ］［オ］［カ］のカタカナ3枚のカードがあります。

①、ひらがな、カタカナ関係なく、2枚を選ぶ選び方を、樹形図で書き出しなさい。（**五十音順**に規則正しく書き出しなさい）

②、ひらがな1枚、カタカナ1枚の計2枚を選ぶ選び方を、樹形図で書き出しなさい。（**五十音順**に規則正しく書き出しなさい）

問題7、［あ］［い］［う］［え］［お］のひらがな5枚、［A］［B］［C］［D］のアルファベット4枚、［1］［2］［3］の数字3枚、合計12枚のカードから、2枚のカードを選ぶ選び方を**樹形図で**書いて答えなさい（五十音順→ＡＢＣ順→１２３順）。ただし選ぶ2枚のカードが「ひらがな同士」「アルファベット同士」「数字同士」にならないようにします。

問題8、［1］［2］［3］［4］［5］［6］［7］［8］の8枚のカードから、その和が奇数になるように２枚のカードを選びます。順に**樹形図で**書きだして答えなさい。

テスト

テスト１、［あ］［い］［う］［え］［お］の５枚のカードから２枚を選ぶ選び方を、**樹形図で**、五十音順に規則正しく書き出しましょう。（１３点）

テスト２、［A］［B］［C］［D］［E］［F］の６枚のカードから３枚を選ぶ選び方を、**全て**書き出しましょう。（１３点）

テスト３、［あ］［い］［う］［え］［お］のひらがな５枚、［A］［B］［C］［D］のアルファベット４枚、［１］［２］の数字２枚、合計１１枚のカードから、ひらがな２枚、アルファベット２枚、数字１枚の計５枚を選ぶ選び方を**全て書き出して**答えなさい。（１３点）

テスト４、［あ］［い］［う］［え］のひらがな４枚、［オ］［カ］［キ］［ク］のカタカナ４枚のカードがあります。

①、ひらがな１枚、カタカナ１枚の計２枚を選ぶ選び方を、樹形図で書き出しなさい。（**五十音順**に規則正しく書き出しなさい）（１０点）

②、ひらがな２枚、カタカナ１枚の計３枚を選ぶ選び方を、樹形図で書き出しなさい。（**五十音順**に規則正しく書き出しなさい）（１０点）

テスト５、［あ］［い］［う］［え］［お］のひらがな５枚、［А］［В］［С］［D］［Ε］のアルファベット５枚、［１］［２］［３］［４］の数字４枚、合計１４枚のカードから、２枚のカードを選ぶ選び方を**樹形図**で書いて答えなさい（五十音順→ＡＢＣ順→１２３順）。ただし選ぶ２枚のカードが「ひらがな同士」「アルファベット同士」「数字同士」にならないようにします。（１３点）

テスト６、［１］［２］［３］［４］［５］［６］［７］［８］の８枚のカードから、その和が偶数になるように３枚のカードを選びます。順に**樹形図で書き**だして答えなさい。（１４点）

テスト7、［１］［２］［３］［４］［５］［６］［７］［８］［９］の９枚のカードから、その和が３の倍数になるように３枚のカードを選びます。順に**樹形図で**書きだして答えなさい。（１４点）

解 答 P12,P17

問題1

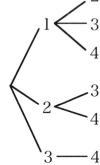

問題2
A B、A C、A D、A E、A F、
　　B C、B D、B E、B F、
　　　　C D、C E、C F、
　　　　　　D E、D F、
　　　　　　　　E F

（計15通り　順不同可）

問題3　①
あA、あB、あC、
いA、いB、いC、
うA、うB、うC、
えA、えB、えC

（計12通り　順不同可）

③
あいAB、あいAC、あいBC、
あうAB、あうAC、あうBC、
あえAB、あえAC、あえBC、
いうAB、いうAC、いうBC、
いえAB、いえAC、いえBC、
うえAB、うえAC、うえBC

（計18通り　順不同可）

②

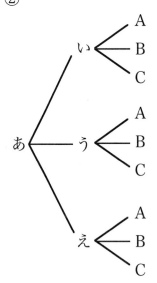

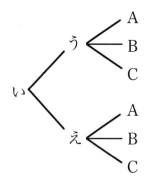

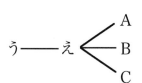

解答 P18

問題4 ①

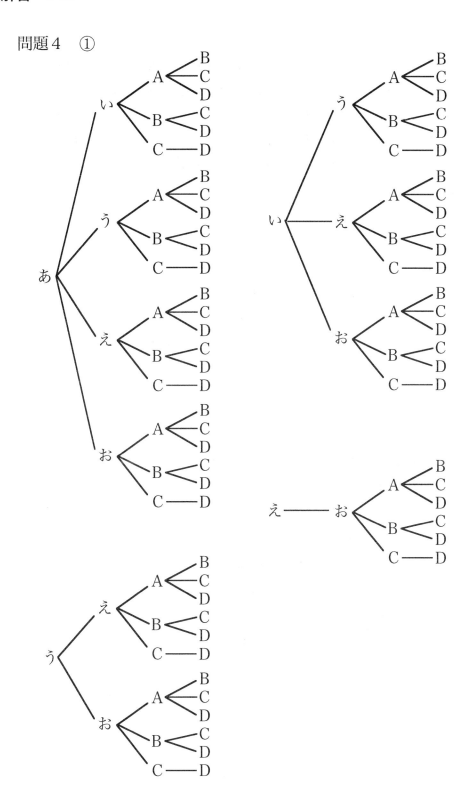

解答　P18-19

問題４　②
あいうえＡＢＣ、あいうえＡＢＤ、あいうえＡＣＤ、あいうえＢＣＤ、
あいうおＡＢＣ、あいうおＡＢＤ、あいうおＡＣＤ、あいうおＢＣＤ、
あいえおＡＢＣ、あいえおＡＢＤ、あいえおＡＣＤ、あいえおＢＣＤ、
あうえおＡＢＣ、あうえおＡＢＤ、あうえおＡＣＤ、あうえおＢＣＤ、
いうえおＡＢＣ、いうえおＡＢＤ、いうえおＡＣＤ、いうえおＢＣＤ
（計２０通り　順不同可）

問題５
① あＡ１、あＡ２、あＡ３、　　いＡ１、いＡ２、いＡ３、
　　あＢ１、あＢ２、あＢ３、　　いＢ１、いＢ２、いＢ３、
　　あＣ１、あＣ２、あＣ３、　　いＣ１、いＣ２、いＣ３、
　　あＤ１、あＤ２、あＤ３、　　いＤ１、いＤ２、いＤ３、

　　うＡ１、うＡ２、うＡ３、　　えＡ１、えＡ２、えＡ３、
　　うＢ１、うＢ２、うＢ３、　　えＢ１、えＢ２、えＢ３、
　　うＣ１、うＣ２、うＣ３、　　えＣ１、えＣ２、えＣ３、
　　うＤ１、うＤ２、うＤ３、　　えＤ１、えＤ２、えＤ３
（計４８通り　順不同可）

② あいＡＢ１２、あいＡＢ１３、あいＡＢ２３、
　　あいＡＣ１２、あいＡＣ１３、あいＡＣ２３、
　　あいＡＤ１２、あいＡＤ１３、あいＡＤ２３、
　　あいＢＣ１２、あいＢＣ１３、あいＢＣ２３、
　　あいＢＤ１２、あいＢＤ１３、あいＢＤ２３、
　　あいＣＤ１２、あいＣＤ１３、あいＣＤ２３、
　　　　　　　　（次のページへ）

（前ページより）
あうAB12、あうAB13、あうAB23、
あうAC12、あうAC13、あうAC23、
あうAD12、あうAD13、あうAD23、
あうBC12、あうBC13、あうBC23、
あうBD12、あうBD13、あうBD23、
あうCD12、あうCD13、あうCD23、

あえAB12、あえAB13、あえAB23、
あえAC12、あえAC13、あえAC23、
あえAD12、あえAD13、あえAD23、
あえBC12、あえBC13、あえBC23、
あえBD12、あえBD13、あえBD23、
あえCD12、あえCD13、あえCD23、

いうAB12、いうAB13、いうAB23、
いうAC12、いうAC13、いうAC23、
いうAD12、いうAD13、いうAD23、
いうBC12、いうBC13、いうBC23、
いうBD12、いうBD13、いうBD23、
いうCD12、いうCD13、いうCD23、

いえAB12、いえAB13、いえAB23、
いえAC12、いえAC13、いえAC23、
いえAD12、いえAD13、いえAD23、
いえBC12、いえBC13、いえBC23、
いえBD12、いえBD13、いえBD23、
いえCD12、いえCD13、いえCD23、
(次のページへ)

解答　P19,P26

（前ページより）
うえＡＢ１２、うえＡＢ１３、うえＡＢ２３、
うえＡＣ１２、うえＡＣ１３、うえＡＣ２３、
うえＡＤ１２、うえＡＤ１３、うえＡＤ２３、
うえＢＣ１２、うえＢＣ１３、うえＢＣ２３、
うえＢＤ１２、うえＢＤ１３、うえＢＤ２３、
うえＣＤ１２、うえＣＤ１３、うえＣＤ２３、
（計１０８通り　順不同可）

問題６　①

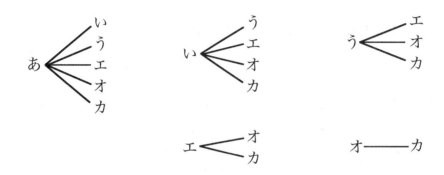

②

解答 P27-28

問題7

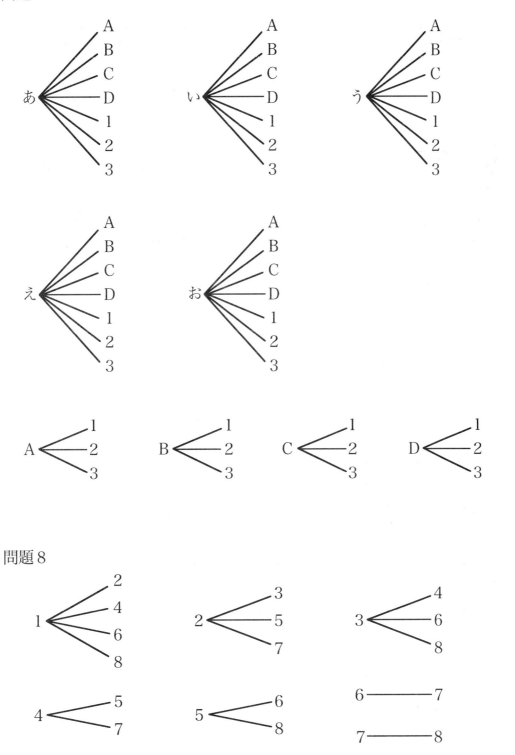

問題8

解答　P29-30

テスト1

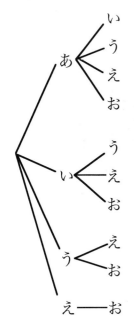

テスト2
　ＡＢＣ、ＡＢＤ、ＡＢＥ、ＡＢＦ、
　　ＡＣＤ、ＡＣＥ、ＡＣＦ、
　　ＡＤＥ、ＡＤＦ、
　　　ＡＥＦ、
　ＢＣＤ、ＢＣＥ、ＢＣＦ、
　　ＢＤＥ、ＢＤＦ、
　　　ＢＥＦ、
　ＣＤＥ、ＣＤＦ、
　　　ＣＥＦ、
　　　ＤＥＦ

（計２０通り　順不同可）

テスト3
　あいＡＢ１、あいＡＢ２、あいＡＣ１、あいＡＣ２、
　あいＡＤ１、あいＡＤ２、あいＢＣ１、あいＢＣ２、
　あいＢＤ１、あいＢＤ２、あいＣＤ１、あいＣＤ２、

　あうＡＢ１、あうＡＢ２、あうＡＣ１、あうＡＣ２、
　あうＡＤ１、あうＡＤ２、あうＢＣ１、あうＢＣ２、
　あうＢＤ１、あうＢＤ２、あうＣＤ１、あうＣＤ２、

　あえＡＢ１、あえＡＢ２、あえＡＣ１、あえＡＣ２、
　あえＡＤ１、あえＡＤ２、あえＢＣ１、あえＢＣ２、
　あえＢＤ１、あえＢＤ２、あえＣＤ１、あえＣＤ２、

　あおＡＢ１、あおＡＢ２、あおＡＣ１、あおＡＣ２、
　あおＡＤ１、あおＡＤ２、あおＢＣ１、あおＢＣ２、
　あおＢＤ１、あおＢＤ２、あおＣＤ１、あおＣＤ２、
　　　　　　　　（次のページへ）

解答　P30-31
（テスト３　前ページより）
いうＡＢ１、いうＡＢ２、いうＡＣ１、いうＡＣ２、
いうＡＤ１、いうＡＤ２、いうＢＣ１、いうＢＣ２、
いうＢＤ１、いうＢＤ２、いうＣＤ１、いうＣＤ２、

いえＡＢ１、いえＡＢ２、いえＡＣ１、いえＡＣ２、
いえＡＤ１、いえＡＤ２、いえＢＣ１、いえＢＣ２、
いえＢＤ１、いえＢＤ２、いえＣＤ１、いえＣＤ２、

いおＡＢ１、いおＡＢ２、いおＡＣ１、いおＡＣ２、
いおＡＤ１、いおＡＤ２、いおＢＣ１、いおＢＣ２、
いおＢＤ１、いおＢＤ２、いおＣＤ１、いおＣＤ２、

うえＡＢ１、うえＡＢ２、うえＡＣ１、うえＡＣ２、
うえＡＤ１、うえＡＤ２、うえＢＣ１、うえＢＣ２、
うえＢＤ１、うえＢＤ２、うえＣＤ１、うえＣＤ２、

うおＡＢ１、うおＡＢ２、うおＡＣ１、うおＡＣ２、
うおＡＤ１、うおＡＤ２、うおＢＣ１、うおＢＣ２、
うおＢＤ１、うおＢＤ２、うおＣＤ１、うおＣＤ２、

えおＡＢ１、えおＡＢ２、えおＡＣ１、えおＡＣ２、
えおＡＤ１、えおＡＤ２、えおＢＣ１、えおＢＣ２、
えおＢＤ１、えおＢＤ２、えおＣＤ１、えおＣＤ２

テスト４　①

解答　P31-32

テスト4　②

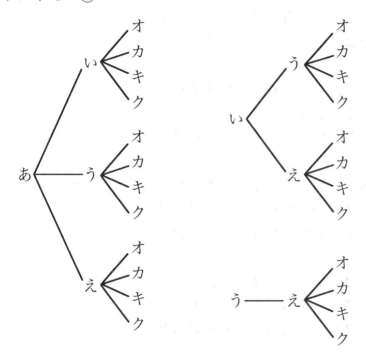

テスト5

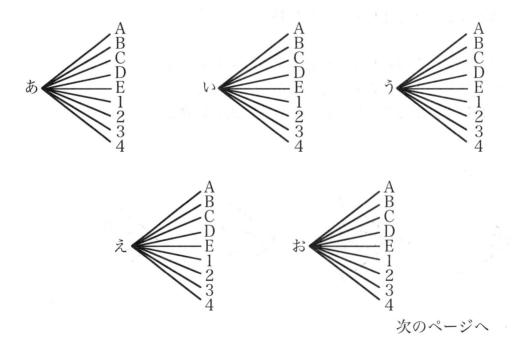

次のページへ

解答 P32-33

（前ページより　テスト5）

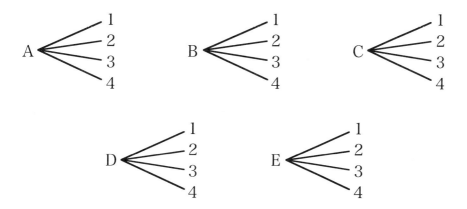

テスト6

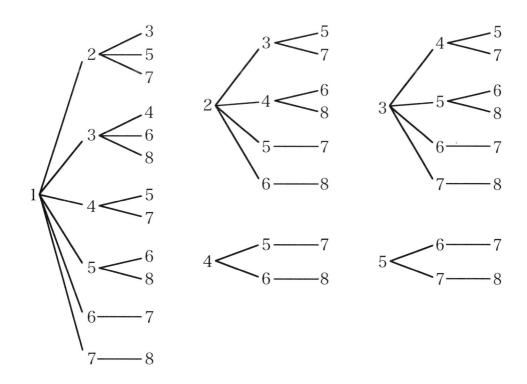

解答　P34

テスト7

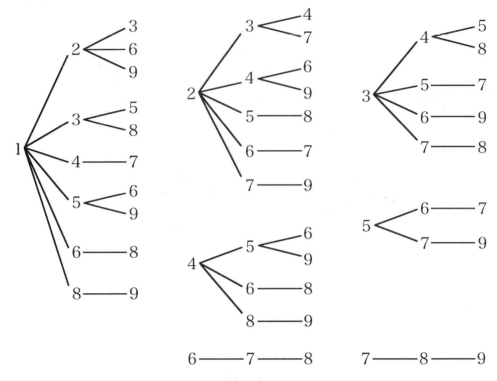

M.acceess　学びの理念

☆**学びたいという気持ちが大切です**
勉強を強制されていると感じているのではなく、心から学びたいと思っていることが、子どもを伸ばします。

☆**意味を理解し納得する事が学びです**
たとえば、公式を丸暗記して当てはめて解くのは正しい姿勢ではありません。意味を理解し納得するまで考えることが本当の学習です。

☆**学びには生きた経験が必要です**
家の手伝い、スポーツ、友人関係、近所付き合いや学校生活もしっかりできて、「学び」の姿勢は育ちます。
生きた経験を伴いながら、学びたいという心を持ち、意味を理解、納得する学習をすれば、負担を感じるほどの多くの問題をこなさずとも、子どもたちはそれぞれの目標を達成することができます。

発刊のことば

　「生きてゆく」ということは、道のない道を歩いて行くようなものです。「答」のない問題を解くようなものです。今まで人はみんなそれぞれ道のない道を歩き、「答」のない問題を解いてきました。

　子どもたちの未来にも、定まった「答」はありません。もちろん「解き方」や「公式」もありません。

　私たちの後を継いで世界の明日を支えてゆく彼らにもっとも必要な、そして今、社会でもっとも求められている力は、この「解き方」も「公式」も「答」すらもない問題を解いてゆく力ではないでしょうか。

　人間のはるかに及ばない、素晴らしい速さで計算を行うコンピューターでさえ、「解き方」のない問題を解く力はありません。特にこれからの人間に求められているのは、「解き方」も「公式」も「答」もない問題を解いてゆく力であると、私たちは確信しています。

　M.accessの教材が、これからの社会を支え、新しい世界を創造してゆく子どもたちの成長に、少しでも役立つことを願ってやみません。

思考力算数練習帳シリーズ２４
場合の数２　書き上げて解く　組み合わせ　新装版　（内容は旧版と同じものです）

　　　新装版　第１刷
　　　　編集者　M.access（エム・アクセス）
　　　　発行所　株式会社　認知工学
　　　〒６０４－８１５５　京都市中京区錦小路烏丸西入ル占出山町 308
　　　　電話　（０７５）２５６－７７２３　　email：ninchi@sch.jp
　　　　郵便振替　０１０８０－９－１９３６２　株式会社認知工学

ISBN978-4-86712-124-5　C-6341　　　　A24100124K

定価＝ 本体６００円 ＋税

ISBN978-4-86712-124-5 C6341 ¥600E

定価：本体６００円＋消費税

M.access 認知工学

表紙の解答

Ⓐ Ⓑ　　Ⓑ Ⓒ
Ⓐ Ⓒ　　Ⓑ Ⓓ
Ⓐ Ⓓ　　Ⓑ Ⓔ
Ⓐ Ⓔ

Ⓒ Ⓓ　　Ⓓ Ⓔ
Ⓒ Ⓔ

（全１０通り）

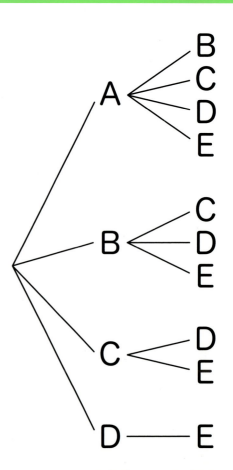